AF240128

MINISTÈRE DE LA GUERRE.

SERVICE DE SANTÉ EN CAMPAGNE.

TABLEAU

INDIQUANT

LA COMPOSITION ET L'ARRIMAGE PROVISOIRES

DU CHARGEMENT

DE

LA VOITURE DE CHIRURGIE.

(NOMÉNCLATURE DU 20 JUIN 1881 MODIFIÉE.)

PARIS.

IMPRIMERIE NATIONALE.

1890.

SERVICE DE SANTÉ EN CAMPAGNE.

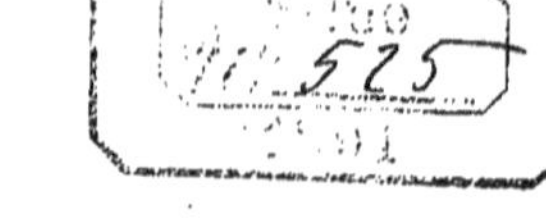

TABLEAU

INDIQUANT

LA COMPOSITION ET L'ARRIMAGE PROVISOIRES

DU CHARGEMENT

DE

LA VOITURE DE CHIRURGIE.

(NOMENCLATURE DU 20 JUIN 1881 MODIFIÉE.)

*VALEUR des médicaments, matières et objets de consommation
entrant dans la composition du chargement.*

1° Médicaments simples................................ 9ᶠ 83ᶜ	260ᶠ 08ᶜ	
2° Médicaments composés............................... 250 25		
3° Objets d'exploitation de la pharmacie.........................	5 42	
4° Objets de pansement....................................	1,489 35	
5° Effets et objets à l'usage spécial des malades..................	13 80	
6° Effets et objets accessoires à l'usage spécial des malades..........	34 20	
7° Instruments de chirurgie et objets accessoires..................	916 05	
8° Matériel de la pharmacie................................	72 65	
9° Matériel du service général..............................	269 25	
10° Outils et objets divers..................................	43 00	
11° Matériel pour météorologie, électricité médicale, etc..............	15 70	
12° Denrées et objets de consommation { 1° Denrées...................	17 15	
2° Objets de consommation.......	95 70	
TOTAL....................	3,232 35	
Valeur du matériel retiré du chargement..........................	446 18	
TOTAL GÉNÉRAL.............	3,678 53	

1

1ʳᵉ PARTIE. — TABLEAU INDIQUANT LA COMPOSITION PROVISOIRE DU CHARGEMENT DE LA VOITURE.

NUMÉROS de la NOMENCLATURE		DÉNOMINATION DES MATIÈRES ET OBJETS.	UNITÉ RÉGLEMENTAIRE.	QUANTITÉS.	PRIX.	MONTANT.	DÉSIGNATION des CONTENANTS.	OBSERVATIONS.
sommaire.	détaillée.							
		1° Médicaments simples.						*Observation générale.*
5	46	Feuille de thé hyswen	Kilogr.	0 400	9f 00c	3f 60c	Casier n° 9.	Les médicaments et objets qui ont été successivement ajoutés au chargement de la voiture de chirurgie figurent dans le présent tableau avec les numéros, dénominations et prix indiqués par les dépêches ministérielles portant modifications aux nomenclatures de 1881.
9	1	Agaric amadouvier	Idem.	0 100	0 00	0 60	Tiroir n° 5.	Les numéros de nomenclature de ces médicaments et objets sont indiqués en chiffres italiques.
10	30	Huile d'arachides	Idem.	0 450	2 00	0 90	Tiroir n° 7.	
11	3	Cire jaune	Idem.	0 050	5 00	0 25	Tiroir n° 5.	
	5	Éponges fines, ordinaires	Idem.	0 064	70 00	4 48	Idem.	Nota. — Les flacons renfermant des substances vénéneuses seront pourvus d'étiquettes en papier rouge orange.
						9 83		
		2° Médicaments composés.						
16	6	Acide borique cristallisé	Kilogr.	2 500	2 50	6 25	Casier n° 9.	
18	1	Acide acétique concentré à 9° 5	Idem.	0 125	3 00	0 38	Tiroir n° 5.	
	7	Acide phénique cristallisé	Idem.	2 700	5 00	13 50	Tiroirs nᵒˢ 5 et 7.	
19	3	Sulfate d'alumine et de potasse (alun)	Idem.	0 500	0 50	0 25	Tiroir n° 7.	
20	1	Ammoniaque liquide à 22°	Idem.	0 100	0 80	0 08	Tiroir n° 5.	
21	7	Tartrate d'antimoine et de potasse pulvérisé (émétique, en paquets de 1 décigramme)	Idem.	0 020	5 00	0 10	Tiroir n° 7.	
24		Sulfate d'atropine (en paquets de 2 centigrammes)	Idem.	0 001	2,000 00	2 00	Tiroir n° 6.	
25		Sous-azotate de bismuth (en trochisques)	Idem.	0 200	25 00	5 00	Idem.	
31	1	Chloroforme (purifié, pour anesthésie)	Idem.	1.200	10 00	12 00	Tiroirs nᵒˢ 5 et 7.	
32	7	Perchlorure de fer liquide à 30°	Idem.	0 300	2 00	0 60	Tiroir n° 5.	
35	3	Sulfate de magnésie	Idem.	2 000	0 30	0 60	Casier n° 9.	
37	6	Protochlorure de mercure à la vapeur (calomel, en paquets de 1 gramme)	Idem.	0 100	11 00	1 10	Tiroir n° 7.	
38		Chlorhydrate de morphine (en paquets de 5 centigrammes)	Idem.	0 003	600 00	1 80	Tiroir n° 5.	
41	1	Acétate de plomb cristallisé	Idem.	0 150	1 30	0 20	Idem.	
49	2	Iodoforme	Idem.	2 500	40 00	100 00	Casier n° 9.	
42	13	Silicate de potasse à 33-35°	Idem.	0 050	0 70	0 46	Tiroir n° 7.	
43		Sulfate de quinine (en paquets de 1 gramme)	Idem.	0 100	550 00	55 00	Casier n° 9.	
45	»	Glyzine (Glycyrrhizine ammoniacale de Roussin)	Idem.	0 200	16 00	3 20	Tiroir n° 5.	
50	3	Sulfate de zinc en cristaux	Idem.	0 050	0 60	0 03	Tiroir n° 5.	
53	1	Alcool à 90° centésimaux (36° Cartier)	Idem.	0 900	4 00	3 60	Tiroir n° 7.	
54	2	Alcoolat de mélisse composé	Idem.	0 100	5 00	0 50	Tiroir n° 5.	L'alcoolé de camphre concentré n'est employé qu'après avoir été étendu ainsi qu'il suit :
54	6	Sublimé corrosif	Idem.	0 800	6 00	4 80	Idem.	Alcoolé de camphre concentré..... 0 250
56	7	Alcoolé de camphre concentré	Idem.	0 450	4 00	1 80	Tiroir n° 7.	Alcool à 90° centésimaux......... 0 368 ; Eau distillée, simple........... 0 382 ; 1 000
	9	Alcoolé de cannelle	Idem.	0 200	5 50	1 10	Tiroir n° 5.	
		À reporter				214 35		

NUMÉROS de la NOMENCLATURE nominale	détaillée	DÉNOMINATION DES MATIÈRES ET OBJETS.	UNITÉ RÉGLEMENTAIRE.	QUANTITÉS.	PRIX.	MONTANT.	DÉSIGNATION des CONTENANTS.	OBSERVATIONS.
		Report				214f 35c		
56	14	Alcoolé d'extrait d'opium	Kilogr.	0 200	14f 50c	2 90	Tiroir n° 5.	
58	5	Nitrate d'argent fondu (pierre infernale)	Idem.	0 025	170 00	4 25	Idem.	
62		Collodion	Idem.	0 080	6 00	0 48	Idem.	
64	8	Borate de soude	Idem.	0 500	2 00	1 00	Idem.	
69		Éther sulfurique alcoolisé	Idem.	0 200	4 00	0 80	Idem.	
70	11	Extrait d'opium purifié (en pilules de 5 centigrammes)	Idem.	0 020	150 00	3 00	Idem.	
70	12	Extrait de quinquina gris, aqueux	Idem.	0 100	55 00	5 50	Idem.	
70		Vaseline blonde	Idem.	0 900	2 60	2 34	Casier n° 9.	
72	1	Chlorure de zinc fondu pur	Idem.	0 025	5 00	0 13	Idem.	
77	1	Cataplasme Lelièvre	Feuille.	30	0 15	4 50	Tiroir n° 7.	
77	3	Papier sinapisé	Idem.	50	0 05	2 50	Tiroir n° 5.	
80	15	Poudre d'ipécacuanha (en paquets de 1 gramme)	Kilogr.	0 100	23 00	2 30	Tiroir n° 7.	
83	2	Sparadrap de diachylon gommé, sur 0m 10 de largeur	Mètre.	10 00	0 50	5 00	Idem.	Le sparadrap sera roulé avec une bande de papier bulle paraffiné qui s'interposera entre les tours de l'étoffe.
84	2	Percaline agglutinative (bandes de 1 mètre de long sur 0m 10 de large)	Nombre.	6	0 20	1 20	Tiroir n° 5.	
						250 25		
		3° Objets d'exploitation de la pharmacie.						
90	1	Bouchons de liège, grands (le cent)	Nombre.	56	2 00	1 12	Tiroirs n° 5 et 7.	16 sur divers récipients, 40 en réserve.
	2	Bouchons de liège, petits (le cent)	Idem.	69	1 30	0 90	Idem.	29 sur divers récipients, 40 en réserve.
	7	Fioles à médecine, en verre blanc ou jaune, de 250 millilitres	Idem.	8	0 15	1 20	Casier n° 1.	
	8	Fioles à médecine, en verre blanc ou jaune, de 125 millilitres	Idem.	22	0 10	2 20	Idem.	
						5 42		
		4° Objets de pansement.						
94	11	Sondes coniques	Nombr.	16	2 00	32 00	Tiroir n° 4.	2 de chacun des n° 10, 11, 12, 13, 14, 15, 16 et 17.
	16	Sondes œsophagiennes (courtes)	Idem.	3	3 00	9 00	Idem.	
	21	Tubes à drainage (d'un mètre de longueur)	Idem.	6	1 00	6 00	Idem.	
95	1	Bandes roulées	Kilogr.	57 000	5 00	285 00	Casiers n° 6 et 15. Tiroirs n° 2 et 3. Panier n° 9.	Dont 80 bandes dites spica.
	2	Grand linge à pansement	Idem.	41 940	6 50	272 61	Casiers n° 6, 13, 14 et 16.	Bandages de corps. 35 / Bandages triangulaires. 15 / Bandages carrés. 10 / Bandages en T. 10 / Écharpes. 106 / Suspensoirs. 10 / Draps. 20k 000
		À reporter				604 61		

NUMÉROS de la NOMENCLATURE		DÉNOMINATION DES MATIÈRES ET OBJETS.	UNITÉ RÉGLEMENTAIRE.	QUANTITÉS.	PRIX.	MONTANT.	DÉSIGNATION des CONTENANTS.	OBSERVATIONS.
sommaire.	détaillés.							
		Report.............	....	....	........,...	604ᶠ 61ᶜ		
95	3	Petit linge à pansement, ordinaire.................	Kilogr.	78 000	4ᶠ 75ᶜ	370 50	Casiers nᵒˢ 6, 10 et 11. Tiroirs nᵒˢ 2 et 3. Panier nᵒ 9.	Compresses grandes................ 1/6 Compresses moyennes.............. 2/6 Compresses petites................ 3/6
97		Charpie..........	Idem.	30 800	4 80	147 84	Casiers nᵒˢ 6, 13 et 13 bis. Tiroirs nᵒˢ 2 et 3.	
98	1	Coton cardé, nᵒ 1............	Idem.	25 000	4 50	112 50	Paniers nᵒˢ 5, 6 et 7.	
100	1	Catgut............	Mètre.	24 00	0 10	2 40	Tiroir nᵒ 5.	
100	3	Taffetas gommé...........	Idem.	20 00	2 00	40 00	Panier nᵒ 10.	
100	5	Gaze à pansement apprêtée, en 0ᵐ 65	Idem.	260 00	0 20	52 00	Étage supérieur.	
101	1	Coussins à fractures.........	Nombre.	40	0 40	16 00	Paniers nᵒˢ 4 et 8.	10 grands. 10 moyens. 20 petits.
	2	Coussins matelassés pour gouttières diverses.........	Idem.	46	1 25	57 50	Paniers nᵒˢ 2 et 3.	5 pour gouttières du bras et de l'avant-bras. 5 pour gouttières du bras et de l'avant-bras, avec flexion à angle droit. 10 pour gouttières de la jambe. 10 pour gouttières de la jambe et de la cuisse
102	1	Bandages herniaires, inguinaux, simples, de droite.........	Idem.	2	6 00	12 00	Panier nᵒ 10.	
	2	Bandages herniaires, inguinaux, simples, de gauche.........	Idem.	1	6 00	6 00	Idem.	
	3	Bandages herniaires, inguinaux, doubles.........	Idem.	2	9 00	18 00	Idem.	
	3	Bandages à fractures, pour la cuisse.........	Idem.	5	10 00	50 00	Casiers nᵒˢ 12 et 12 bis.	
						1,489 35		
		5ᵒ Effets et objets à l'usage spécial des malades.						
133	2	Biberon en étain.........	Nombre.	1	3 25	3 25	Panier nᵒ 12.	
134	5	Cuvettes à pansement, en fer battu étamé, grandes.........	Idem.	6	1 45	8 70	Idem.	
	8	Gobelets de 30 centilitres, en fer battu étamé.........	Idem.	2	0 50	1 00	Idem.	
	9	Pot à tisane d'un litre, en fer battu étamé.........	Idem.	1	0 85	0 85	Idem.	
						13 80		
		6ᵒ Effets et objets accessoires à l'usage spécial des malades.						
143	2	Serviettes de toile, pour la toilette.........	Nomb.	6	1 20	7 20	Panier nᵒ 12.	
144	1	Tabliers d'infirmiers.........	Idem.	3	2 00	6 00	Idem.	
	2	Tabliers d'officiers de santé.........	Idem.	6	3 50	21 00	Idem.	
						34 20		

NUMÉROS de LA NOMENCLATURE		DÉNOMINATION DES MATIÈRES ET OBJETS.	UNITÉ RÉGLEMENTAIRE.	QUANTITÉS.	PRIX.	MONTANT.	DÉSIGNATION des CONTENANTS.	OBSERVATIONS.
nominaire.	détaillée.				fr. c.	fr. c.		
		7° Instruments de chirurgie et objets accessoires.						
154	6 bis	Boîtes d'instruments de chirurgie du nouvel arsenal, complètes. N° 6 bis. — Boîte de pinces hémostatiques. (grande)	Nombre.	1	67 50	67 50	Tiroir n° 4.	
154	25	N° 25. — Trousse de médecin	Idem.	1	65 00	65 60	Idem.	
182	1	Boîtes d'instruments de chirurgie de l'arsenal de 1859, complètes. N° 1. — Avulsion des dents	Idem.	1	30 75	30 75	Idem.	Dans les nouvelles compositions, les boîtes d'instruments de chirurgie ci-contre seront remplacées par les boîtes n°s 3 et 4 du nouvel arsenal.
	2	N° 2. — Amputation et trépan (grande boîte).	Idem.	1	180 80	180 80	Idem.	
	17	N° 17. — Résections des os	Idem.	1	101 00	101 00	Idem.	
218	4	Pelotes compressives de Larrey	Idem.	8	0 50	4 00	Casier n° 6.	
	5	Seringue de Pravaz, avec trois aiguilles	Idem.	1	25 00	25 00	Tiroir n° 4.	Cette seringue sera supprimée dans les changements de voiture de chirurgie où entrera le nouvel arsenal.
	A	Appareil d'Esmarck	Idem.	1	18 00	18 00	Idem.	Même observation que pour la seringue de Pravaz.
219	33	Attelles en bois, pour fractures du bras	Idem.	20	0 30	6 00	Panier n° 1.	
	34	Attelles en bois, pour fractures de l'avant-bras	Idem.	20	0 30	6 00	Idem.	
	37	Attelles en bois, articulées, pour fractures de la jambe	Idem.	30	1 20	36 00	Idem.	
	38	Attelles en bois, articulées, pour fractures de la cuisse	Idem.	24	1 60	38 40	Dôme et panier n° 1.	
	39	Attelles pour fractures de la cuisse (modèle Isnard)	Idem.	6	1 50	9 00	Casiers n°s 12 et 12 bis.	
	41	Attelles-palettes (palmaires)	Idem.	15	0 50	7 50	Panier n° 1.	
	42	Attelles en bois, collées sur toile de coton	Idem.	2	4 00	8 00	Idem.	
	44	Attelles conjuguées en fil de fer — pour fractures du bras	Idem.	5	1 75	8 75	Idem.	
	45	pour fractures de l'avant-bras	Idem.	5	1 50	7 50	Idem.	
	46	pour fractures de la jambe	Idem.	5	2 50	12 50	Idem.	
	48	Bande de zinc laminé, n° 10, pour ambulance	Idem.	1	4 00	4 00	Dôme.	
	49	Boîte en fer-blanc, pour sondes œsophagiennes	Idem.	1	5 00	5 00	Tiroir n° 4.	
	50	Boîte en fer-blanc, pour sondes et bougies urétrales	Idem.	1	5 00	5 00	Idem.	
	54	Gouttières en fil de fer — pour le bras et l'avant-bras	Idem.	8	2 50	20 00	Dôme.	Moitié du côté droit, moitié du côté gauche.
	55	pour le bras et l'avant-bras, avec flexion à angle droit	Idem.	8	2 50	20 00	Idem.	Idem.
	57	pour la jambe	Idem.	20	4 00	80 00	Dôme et étage supérieur.	
	60	pour la cuisse et la jambe	Idem.	10	6 00	60 00	Dôme.	Moitié du côté droit, moitié du côté gauche.
	63	Irrigateur Éguisier, de 1 litre	Idem.	2	15 00	30 00	Panier n° 10.	
	65	Lacs en treillis, avec boucle, pour appareils à fractures	Idem.	120	0 25	30 00	Casier n° 6 et panier n° 10.	Dont 8 pour pelotes compressives de Larrey.
	75	Poires en caoutchouc, pour laver les plaies	Idem.	2	13 00	26 00	Tiroirs n°s 2 et 3.	
	83	Seringues à piston, en étain, à double parachute, petites pour injections	Idem.	3	1 25	3 75	Tiroirs n°s 2, 3 et 4.	
		TOTAUX				916 05		

NUMÉROS de LA NOMENCLATURE sommaire.	détaillée.	DÉNOMINATION DES MATIÈRES ET OBJETS.	UNITÉ RÉGLEMENTAIRE.	QUANTITÉS.	PRIX. fr. c.	MONTANT. fr. c.	DÉSIGNATION des CONTENANTS.	OBSERVATIONS.
		8° Matériel de la pharmacie.						
223	18	Pots de pharmacie, dits canons, en faïence, non couverts, de 6 centilitres..........	Nombre.	2	0 20	0 40	Tiroir n° 5.	
224	3	Compte-gouttes, ordinaires..........	Idem.	2	1 10	2 20	Idem.	
224	5 bis	Éprouvette graduée de 20 ᶜᶜ..........	Idem.	1	1 20	1 20	Tiroir n° 7.	
224	6	Flacons, ouverture ordinaire ou large ouverture, en verre blanc, non bouchés, d'un litre et au-dessous..........	Idem.	50	0 30	15 00	Tiroirs n°ˢ 5 et 7.	Ouverture ordinaire de 0ˡ50.......... 11 Ouverture ordinaire de 0ˡ12.......... 18 Ouverture ordinaire de 0ˡ05.......... 2 Large ouverture... de 0ˡ50.......... 4 Large ouverture... de 0ˡ12.......... 12 Large ouverture... de 0ˡ05.......... 3 ——— 50
	7	Flacons, ouverture ordinaire ou large ouverture, en verre blanc, bouchés à l'émeri, d'un litre et au-dessous..........	Idem.	9	0 60	5 40	Idem.	Ouverture ordinaire de 0ˡ12.......... 1 Large ouverture... de 0ˡ12.......... 2 Large ouverture... de 0ˡ50.......... 5 Large ouverture... de 0ˡ05.......... 1 ——— 9
	14	Flacons carrés, petits, pour appareil de chirurgie, bouchés à l'émeri, en verre blanc..........	Idem.	8	0 40	3 20	Tiroirs n°ˢ 2 et 3.	
232	10	Boîtes avec couvercle, en fer-blanc, fermant à touret, carrées, petites.	Idem.	4	2 00	8 00	Tiroir n° 5.	
	20	Flacons carrés, bouchés au liège, en fer-blanc, de 1 litre..........	Idem.	5	2 50	12 50	Casier n° 9.	
	21	Flacons en métal anglais..........	Idem.	3	6 50	19 50	Panier n° 12.	
	23	Lampe à alcool, à crémaillère, avec bouilloire..........	Idem.	1	3 75	3 75	Idem.	
233	14	Spatule à grains d'émétique..........	Idem.	1	1 50	1 50	Tiroir n° 5.	
						72 65		
		9° Matériel du service général.						
248	5	Bougeoirs en cuivre..........	Nombre.	2	2 75	5 50	Casier n° 8.	
250	8	Boîtes en zinc, pour allumettes..........	Idem.	2	1 50	3 00	Idem.	
251	2	Boîtes d'appareil carrées, avec couvercle, en fer-blanc..........	Idem.	2	1 75	3 50	Tiroirs n°ˢ 2 et 3.	
	3	Boîtes d'appareil rectangulaires, sans couvercle, en fer-blanc..........	Idem.	2	0 75	1 50	Idem.	
	11	Burette pour l'huile à brûler, de 1 litre, bouchée au liège..........	Idem.	1	2 50	2 50	Coffre de la voiture.	
	22	Étui en fer-blanc pour pierre à repasser..........	Idem.	1	1 50	1 50	Panier n° 12.	
	25	Lanternes avec réflecteur et souche..........	Idem.	3	11 00	33 00	Casier 8 et coffre de la voiture.	
252	16	Ciseaux (Paire de), grands..........	Idem.	1	4 50	4 50	Panier n° 10.	
	20	Ciseaux à lampe (Paire de), petits..........	Idem.	1	1 75	1 75	Casier n° 8.	
255	44	Réservoirs à eau, de 25 litres, en fer battu étamé..........	Idem.	2	30 00	60 00	Compartiments spéciaux.	
		A reporter..........				116 75		

2.

NUMÉROS de LA NOMENCLATURE sommaire.	détaillée.	DÉNOMINATION DES MATIÈRES ET OBJETS.	UNITÉ RÉGLEMENTAIRE.	QUANTITÉS.	PRIX. fr. c.	MONTANT. fr. c.	DÉSIGNATION des CONTENANTS.	OBSERVATIONS.
		Report....................	....	....	....	116 75		
260	18	Boîtes diverses.................	Nombre.	4	1 50	6 00	Tiroir n° 4, casiers 8 et 10.	1 marquée A (pour les thermomètres). 1 marquée B (pour les mèches plates). 1 marquée C (pour la bougie). 1 marquée D (à double compartiment pour le sucre et le savon.)
	23	Brancards avec bretelles, pour les ambulances.............	Idem.	4	15 00	60 00	En vrac.	
	38	Carton de bureau, en bois.............	Idem.	1	4 50	4 50	Panier n° 11.	
261	36	Table d'opération à dossier.............	Idem.	1	30 00	30 00	Couloir de la voiture.	
	37	Pied de table d'opération à dossier.............	Idem.	1	15 00	15 00	Paroi extérieure.	
268	10	Étuis en carton pour renfermer le sparadrap.............	Idem.	5	0 15	0 75	Tiroir n° 7.	
	11	Étuis divers en coutil imperméable.............	Idem.	3	1 75	5 25	Tiroir n° 4.	Ces étuis seront supprimés dans les chargements de voiture de chirurgie où entrera le nouvel arsenal.
	13	Fanions d'ambulance.............	Idem.	2	2 50	5 00	Étage supérieur.	1 tricolore. 1 portant la croix de la convention de Genève.
	16	Musettes à pansement, vides.............	Idem.	8	2 50	20 00	Casier n° 6.	
269	//	Trébuchet non réglementaire, sensible à 0 gr. 05.............	Idem.	1	6 00	6 00	Tiroir n° 7.	
						269 25		
		10° Outils et objets divers.						
277	18	Cisaille de ferblantier (petit modèle).............	Nombre.	1	6 00	6 00	Panier n° 12.	
	84	Pierre à repasser et à aiguiser.............	Idem.	1	5 00	5 00	Idem.	
	108	Sac d'outils, complet.............	Idem.	1	30 00	30 00	Coffre de la voiture.	
	113	Scie à main, petite.............	Idem.	1	2 00	2 00	Panier n° 12.	
						43 00		
		11° Matériel pour météorologie, électricité médicale, etc.						
283	9	Thermomètres à mercure, pour salles de malades.............	Nombre.	3	3 00	9 00	Tiroir n° 4.	Dans une boîte.
285	32	Éprouvette graduée, de 200 c/c.............	Idem.	1	4 50	4 50	Casier n° 1.	
308	1.	Boîtes d'emballage, petites.............	Idem.	4	0 55	2 20	Tiroir n° 9.	
						15 70		
		12° Denrées et objets de consommation.						
		1° DENRÉES ET OBJETS ALTÉRABLES.						
//	//	Allumettes amorphes (boîtes de 50 allumettes).............	Nombre.	24	0 09	2 16	Casier n° 8.	Dans 2 boîtes en zinc pour allumettes.
//	//	Bougies.............	Kilogr.	4 000	2 75	11 00	Idem.	Dans une boîte.
//	//	Eau-de-vie.............	Litre.	0 50	2 00	1 00	Tiroir n° 7.	
//	//	Huile à brûler.............	Idem.	1 00	1 60	1 60	Coffre de la voiture.	Dans la burette.
		À reporter.............	....	....	....	15 70		

NUMÉROS de la NOMENCLATURE		DÉNOMINATION DES MATIÈRES ET OBJETS.	UNITÉ RÉGLEMENTAIRE.	QUANTITÉS.	PRIX.	MONTANT.	DÉSIGNATION des CONTENANTS.	OBSERVATIONS.
sommaire.	détaillée.				fr. c.	fr. c.		
		Report..................	....	....	....	15 76		
»	»	Mèches plates, n° 6.	Kilogr.	0 032	6 00	0 19	Casier n° 8.	Dans 1 boîte.
»	»	Savon blanc.	Idem.	0 500	1 20	0 60	Casier n° 10.	
»	»	Sucre blanc.	Idem.	0 500	1 20	0 60	Casier n° 10.	
						17 15		
		2° Objets de consommation.						
»	»	Tubes de vaccin conservé, pleins.	Nombre.	2	5 00	10 00	Tiroir n° 4.	Dans 1 boîte.
»	»	Aiguilles diverses.	Idem.	45	4 00 (Le mille.)	0 18	Panier n° 10.	Dans 2 étuis.
»	»	Bandes de carton.	Idem.	12	0 15	1 80	Casier n° 13 bis.	
»	»	Bâtons de cire à cacheter.	Idem.	2	0 30	0 60	Panier n° 11.	
»	»	Boîtes de plumes métalliques.	Idem.	3	1 50	4 50	Idem.	
»	»	Canif.	Idem.	1	1 50	1 50	Idem.	
»	»	Carnets de diagnostics.	Idem.	3	0 70	2 10	Idem.	
»	»	Cordonnet de soie à ligatures.	Kilogr.	0 150	85 00	12 75	Panier n° 10.	
»	»	Crayons.	Nombre.	6	0 10	0 60	Panier n° 11.	
»	»	Cruchons en grès, de 25 centilitres, pour encre noire.	Idem.	2	0 30	0 60	Idem.	
»	»	Encre noire.	Kilogr.	0 500	2 00	1 00	Idem.	
»	»	Encriers.	Nombre.	3	1 50	4 50	Idem.	
»	»	Épingles.	Idem.	2 200	1 00 (Le mille.)	2 20	Cas^r n° 6. Pan^r n° 10.	
»	»	Étoupes d'emballage.	Kilogr.	2 000	0 70	1 40		
»	»	Étuis à aiguilles.	Nombre.	2	0 10	0 20	Panier n° 10.	
»	»	Étuis en bois, pour seringue à injections.	Idem.	3	0 35	1 05	Tiroirs n°s 2, 3 et 4.	
»	»	Ficelle forte.	Kilogr.	0 500	2 50	1 25	Panier n° 11.	
»	»	Fiches de diagnostic, avec cordon.	Nombre.	1 000	2 25 (Le cent.)	22 50	Idem.	
»	»	Fil à coudre.	Kilogr.	0 150	10 00	1 50	Panier n° 10.	
»	»	Grattoir.	Nombre.	1	1 50	1 50	Panier n° 11.	
»	»	Pains à cacheter.	Kilogr.	0 025	5 00	0 13	Idem.	
»	»	Papier blanc, ordinaire.	Main.	3	0 50	1 50	Idem.	
»	»	Papier d'emballage, ordinaire.	Kilogr.	3 300	0 80	2 64	Idem.	
»	»	Porte-plumes.	Nombre.	12	0 95	0 60	Idem.	
»	»	Registre médical.	Idem.	1	1 10	1 10	Idem.	
»	»	Ruban de fil.	Kilogr.	1 570	10 00	15 70	Cas^r n° 6. Pan^r n° 10.	
»	»	Seringues à injections, en verre.	Nombre.	3	0 10	0 30	Tiroirs n°s 2, 3 et 4.	
»	»	Ventouses en verre, moyennes.	Idem.	4	0 25	1 00	Tiroirs n°s 2 et 3.	
						95 70		

2ᵉ PARTIE.

RÉPARTITION PROVISOIRE   PAR ÉTAGE, PANIER, TIROIR, CASIER, ETC.

NUMÉROS de la NOMENCLATURE		DÉNOMINATION DES MATIÈRES ET OBJETS.	UNITÉ RÉGLEMENTAIRE.	QUANTITÉS.	OBSERVATIONS.
sommaire.	détaillée.				
		1ᵉ CHARGEMENT PAR LES PORTES LATÉRALES (1).			(1) Voir le croquis, page 3e.
		PORTE DU CÔTÉ DROIT.			
		ÉTAGE INTERMÉDIAIRE.			
		Panier n° 5.			
98	1	Coton cardé, n° 1	Kilogr.	10 000	
		Panier n° 6.			
98	1	Coton cardé, n° 1	Kilogr.	10 000	
		ÉTAGE INFÉRIEUR.			
		Panier n° 9.			
95	1	Bandes roulées	Kilogr.	12 000	
	3	Petit linge à pansements, ordinaire	Idem.	12 000	
		Panier n° 10.			
100	8	Taffetas gommé	Mètre.	20 00	Ou gutta-percha laminée, ou tissu imperméable pour pansements.
102	1	Bandages herniaires inguinaux, simples, de droite	Nombre.	2	
	2	Bandages herniaires inguinaux, simples, de gauche	Idem.	1	
	3	Bandages herniaires inguinaux, doubles	Idem.	2	
219	63	Irrigateurs Eguisier, de 1 litre	Idem.	2	
	65	Lacs en treillis, avec boucles, pour appareils à fractures	Idem.	112	
252	16	Ciseaux (paire) grands	Idem.	1	
	"	Cordonnet de soie à ligatures	Kilogr.	0 150	
	"	Épingles	Nombre.	2,000	
	"	Aiguilles	Idem.	45	
	"	Étuis à aiguilles	Idem.	2	
	"	Fil à coudre	Kilogr.	0 150	
	"	Ruban de fil	Idem.	1 250	
		PORTE DU CÔTÉ GAUCHE.			
		ÉTAGE INTERMÉDIAIRE			
		Panier n° 7.			
98	1	Coton cardé, n° 1	Kilogr.	5 000	

NUMÉROS de la NOMENCLATURE		DÉNOMINATION DES MATIÈRES ET OBJETS.	UNITÉ RÉGLEMENTAIRE.	QUANTITÉS.	OBSERVATIONS.
sommaire.	détaillée.				
		Panier nº 8.			
98	1	Coussins à fractures...........................	Nombre.	20	10 grands, 10 moyens.
		ÉTAGE INFÉRIEUR.			
		Panier nº 11.			
260	38	Carton de bureau en bois.......................	Nombre.	1	
	//	Bâtons de cire à cacheter......................	Idem.	2	
	//	Boîtes de plumes métalliques..................	Idem.	3	
	//	Canif...	Idem.	1	
	//	Cornets de diagnostics........................	Idem.	3	
	//	Crayons.......................................	Idem.	6	
	//	Cruchons en grès de 25 centilitres, pour encre noire....	Idem.	2	
	//	Encre noire...................................	Kilogr.	0 500	
	//	Encriers......................................	Nombre.	3	
	//	Ficelle forte.................................	Kilogr.	0 500	
	//	Fiches de diagnostics avec cordon.............	Nombre.	1,000	
	//	Grattoir......................................	Idem.	1	
	//	Pains à cacheter..............................	Kilogr.	0 025	
	//	Papier blanc ordinaire........................	Main.	3	
	//	Papier d'emballage ordinaire..................	Kilogr.	3 300	
	//	Porte-plumes..................................	Nombre.	12	
	//	Registre médical.............................	Idem.	1	
		Panier nº 12.			
133	2	Biberon en étain..............................	Nombre.	1	
134	5	Cuvettes à pansement en fer battu étamé, grandes....	Idem.	6	
	8	Gobelets de 30 centilitres, en fer battu étamé....	Idem.	2	
	9	Pot à tisane d'un litre, en fer battu étamé....	Idem.	1	
143	2	Serviettes de toile pour la toilette..........	Idem.	6	
144	1	Tabliers d'infirmiers.........................	Idem.	3	
	2	Tabliers d'officiers de santé.................	Idem.	6	
232	21	Flacons en métal anglais......................	Idem.	3	
	23	Lampe à alcool à crémaillère, avec bouilloire....	Idem.	1	
277	18	Cisaille de ferblantier (petit modèle)........	Idem.	1	
	84	Pierre à repasser et à aiguiser...............	Idem.	1	Dans un étui en fer-blanc.
	113	Scie à main, petite...........................	Idem.	1	

2ᵉ CHARGEMENT PAR LA PORTE DE L'ARRIÈRE.

Dôme (1).

NUMÉROS de la NOMENCLATURE		DÉNOMINATION DES MATIÈRES ET OBJETS.	UNITÉ RÉGLEMENTAIRE.	QUANTITÉS.	OBSERVATIONS.
sommaire.	détaillée.				
219	38	Attelles en bois, articulées, pour fractures de cuisse....................	Nombre.	12	
	48	Bande de zinc laminé, nº 10, pour ambulance...................	Idem.	1	

(1) Voir le croquis, page 32.

NUMÉROS de la NOMENCLATURE		DÉNOMINATION DES MATIÈRES ET OBJETS.	UNITÉ RÉGLEMENTAIRE.	QUANTITÉS.	OBSERVATIONS.
sommaire.	détaillée.				
219	54	Gouttières en fil de fer.. { pour bras et avant-bras	Nombre.	8	
	55	pour bras et avant-bras, avec flexion à angle droit	Idem.	8	
	57	pour jambe	Idem.	8	
	60	pour la cuisse et la jambe	Idem.	10	

ÉTAGE SUPÉRIEUR (1).

Panier n° 1.

219	33	Attelles en bois, pour fractures du bras	Nombre.	20	
	34	Attelles en bois pour fractures de l'avant-bras	Idem.	20	
	37	Attelles en bois, articulées, pour fractures de la jambe	Idem.	30	
	38	Attelles en bois, articulées, pour fractures de la cuisse	Idem.	12	
	41	Attelles palettes, palmaires	Idem.	15	
	42	Attelles en bois, collées sur toile de coton	Idem.	2	
	44	Attelles conjuguées, en fil de fer.... { pour fractures du bras	Idem.	5	
	45	pour fractures de l'avant-bras	Idem.	5	
	46	pour fractures de la jambe	Idem.	5	

Panier n° 2.

101	2	Coussins matelassés pour gouttières diverses... { pour cuisse et jambe........ 10 / pour bras et avant-bras........ 8 / pour bras, avec flexion........ 8	Nombre.	26	

Panier n° 3.

101	2	Coussins matelassés pour gouttières diverses (pour jambe)	Nombre.	20	

Panier n° 4.

101	1	Coussins à fractures (petits)	Nombre.	20	

En vrac.

100	5	Gaze à pansement apprêtée en 0ᵐ 65	Mètre.	260 00	
219	57	Gouttières en fil de fer pour la jambe	Nombre.	12	
268	13	Fanions d'ambulance	Idem.	2	1 tricolore, 1 de la Convention de Genève.

TIROIRS ET CASIERS

Casier n° 1.

90	7	Fioles à médecine, en verre blanc ou jaune, de 250 millilitres	Nombre.	8	
	8	Fioles à médecine, en verre blanc ou jaune, de 125 millilitres	Idem.	22	
285	32	Éprouvette graduée, de 200 centimètres cubes	Idem.	1	

(1) Voir le croquis, page 32.

NUMÉROS de la NOMENCLATURE		DÉNOMINATION DES MATIÈRES ET OBJETS.	UNITÉ RÉGLEMENTAIRE.	QUANTITÉS.	OBSERVATIONS.
numérique.	détaillée.				
		Tiroir n° 2.			
95	1	Bandes roulées	Kilogr.	1 500	
	3	Petit linge à pansement, ordinaire	Idem.	1 400	
97	"	Charpie	Idem.	0 250	
210	75	Poire en caoutchouc, pour laver les plaies	Nombre.	1	
	83	Seringue à piston, en étain, à double parachute, petite, pour injections	Idem.	1	
224	14	Flacons carrés, petits, pour appareil de chirurgie, bouchés à l'émeri	Idem.	4	
251	2	Boîte d'appareil, carrée, avec couvercle, en fer-blanc	Idem.	1	
	3	Boîte d'appareil, rectangulaire, sans couvercle, en fer-blanc	Idem.	1	
"	"	Seringue à injections, en verre	Idem.	1	Dans un étui en bois.
"	"	Ventouses en verre (moyennes)	Idem.	2	
		Tiroir n° 3.			
95	1	Bandes roulées	Kilogr.	1 500	
	3	Petit linge à pansement, ordinaire	Idem.	1 400	
97	"	Charpie	Idem.	0 250	
219	75	Poire en caoutchouc, pour laver les plaies	Nombre.	1	
	83	Seringue à piston, en étain, à double parachute, petite, pour injections	Idem.	1	
224	14	Flacons carrés, petits, pour appareil de chirurgie, bouchés à l'émeri	Idem.	4	
251	2	Boîte d'appareil, carrée, avec couvercle, en fer-blanc	Idem.	1	
	3	Boîte d'appareil, rectangulaire, sans couvercle, en fer-blanc	Idem.	1	
"	"	Seringue à injections, en verre	Idem.	1	Dans un étui en bois.
"	"	Ventouses en verre (moyennes)	Idem.	2	
		Tiroir n° 4.			
94	11	Sondes coniques	Nombre.	16	Dans une boîte en fer-blanc.
	16	Sondes œsophagiennes (courtes)	Idem.	3	Idem.
	21	Tubes à drainage (d'un mètre de longueur)	Idem.	6	
154	*6 bis*	Boîtes d'instruments de chirurgie du nouvel arsenal, complètes, { n° 6 *bis*. — Pinces hémostatiques	Idem.	1	
154	25	n° 25. — Trousse de médecin	Idem.	1	
182	1	Boîtes d'instruments de chirurgie de l'arsenal de 1859, complètes, { n° 1. — Avulsion des dents	Idem.	1	Dans un étui en coutil imperméable.
	2	n° 2. — Amputation et trépan (grande boîte)	Idem.	1	Idem.
	17	n° 17. — Résection des os	Idem.	1	Idem.
218	5	Seringue de Pravaz, avec 3 aiguilles	Idem.	1	Cette seringue sera supprimée dans les chargements où entrera le nouvel arsenal.
	A	Appareil d'Esmarck	Idem.	1	Même observation que pour la seringue de Pravaz.
219	83	Seringue à piston, en étain, à double parachute, petite, pour injections	Idem.	1	
283	9	Thermomètres à mercure, pour salles de malades	Idem.	3	Dans une boîte A.

| NUMÉROS de la NOMENCLATURE | | DÉNOMINATION DES MATIÈRES ET OBJETS. | UNITÉ RÉGLEMENTAIRE. | QUANTITÉS. | OBSERVATIONS. |
sommaire.	détaillée.				
"	"	Seringue à injections, en verre	Nombre.	1	Dans un étui en bois.
"	"	Tubes de vaccin conservé, pleins	Idem.	2	Dans une boîte.
		Tiroir n° 5.			
9	1	Agaric amadouvier	Kilogr.	0 100	
11	3	Cire jaune	Idem.	0 050	
18	1	Acide acétique concentré à 9° 5	Idem.	0 125	1 flacon, ouverture ordinaire, non bouché, de 0l 12.
	7	Acide phénique cristallisé	Idem.	0 200	2 flacons, large ouverture, bouchés, de 0l 12.
20	1	Ammoniaque liquide à 22°	Idem.	0 100	1 flacon, ouverture ordinaire, bouché, de 0l 12.
24	"	Sulfate d'atropine (en paquets de 2 centigrammes)	Idem.	0 001	1 boîte fermant à touret, carrée, petite.
25	"	Sous-azotate de bismuth	Idem.	0 200	2 flacons, large ouverture, non bouchés, de 0l 12.
31	1	Chloroforme	Idem.	0 500	3 flacons, ouverture ordinaire, non bouchés, de 0l 12.
32	7	Perchlorure de fer liquide à 30°	Idem.	0 300	2 flacons, ouverture ordinaire, non bouchés, de 0l 12 (bouchons paraffinés).
38	"	Chlorhydrate de morphine (en paquets de 5 centigrammes)	Idem.	0 003	1 boîte fermant à touret, carrée, petite.
41	1	Acétate de plomb cristallisé	Idem.	0 150	1 flacon, large ouverture, non bouché, de 0l 12.
45	"	Glyzine (glycyrrhizine ammoniacale de Roussin)	Idem.	0 200	2 flacons, large ouverture, non bouchés, de 0l 12.
50	3	Sulfate de zinc en cristaux	Idem.	0 050	1 flacon, large ouverture, non bouché, de 0l 06.
54	2	Alcoolat de mélisse composé	Idem.	0 100	1 flacon, ouverture ordinaire, non bouché, de 0l 12.
56	9	Alcoolé de cannelle	Idem.	0 200	2 flacons, ouverture ordinaire, non bouchés, de 0l 12.
54	6	Sublimé corrosif	Idem.	0 800	3 flacons, ouverture ordinaire, non bouchés, de 0l 12.
56	14	Alcoolé d'extrait d'opium	Idem.	0 200	2 flacons, ouverture ordinaire, non bouchés, de 0l 12.
58	5	Nitrate d'argent fondu (pierre infernale)	Idem.	0 025	1 flacon, large ouverture, non bouché, de 0l 06.
62	"	Collodion	Idem.	0 080	2 flacons, ouverture ordinaire, non bouchés, de 0l 06.
64	3	Borate de soude	Idem.	0 500	4 flacons, large ouverture, non bouchés, de 0l 12.
69	"	Éther sulfurique alcoolisé	Idem.	0 200	2 flacons, ouverture ordinaire, non bouchés, de 0l 12.
70	11	Extrait d'opium purifié (en pilules de 5 centigrammes)	Idem.	0 020	1 flacon, large ouverture, non bouché, de 0l 06.
	12	Extrait de quinquina gris, aqueux	Idem.	0 100	Pot en faïence, non couvert, de 0l 06.
72	1	Chlorure de zinc fondu, pur	Idem.	0 025	1 flacon, large ouverture, bouché, de 0l 06.
77	3	Papier sinapisé	Feuille.	50	
84	2	Percaline agglutinative (bandes de 1m de long sur 0m 10 de large)	Nombre.	6	
90	1	Bouchons de liège, grands	Idem.	20	
	2	Bouchons de liège, petits	Idem.	20	
100	1	Catgut	Mètre.	24 00	
223	18	Pot de pharmacie, dit canon, en faïence, non couvert, de 6 centilitres	Nombre.	1	Vide, en réserve.
224	3	Compte-gouttes ordinaires	Idem.	2	
	6	Flacons ouverture ordinaire ou large ouverture, en verre blanc, non bouchés, d'un litre et au-dessous	Idem.	3	Vides, en réserve. — De 12 centilitres, large ouverture.
232	10	Boîtes avec couvercle, fermant à touret, carrées, petites	Idem.	2	Idem.
233	14	Spatule à grains d'émétique	Idem.	1	
11	5	Éponges fines, ordinaires	Kilogr.	0 064	

NUMÉROS de la NOMENCLATURE sommaire.	détaillée.	DÉNOMINATION DES MATIÈRES ET OBJETS.	UNITÉ RÉGLEMENTAIRE.	QUANTITÉS.	OBSERVATIONS.
		Casier n° 6.			
95	1	Bandes roulées	Kilogr.	3 600	
	2	Grand linge à pansement	Idem.	1 840	18 écharpes.
95	3	Petit linge à pansement, ordinaire	Idem.	4 000	
97	"	Charpie (comprimée en paquets de 100 grammes)	Idem.	0 800	
218	4	Pelotes compressives de Larrey	Nombre.	8	
219	65	Lacs en treillis, avec boucles, pour appareils à fractures	Idem.	8	
"	"	Épingles	Idem.	200	
"	"	Ruban de fil	Kilogr.	0 320	
		(Dans 8 musettes à pansement.)			
		Tiroir n° 7.			
10	30	Huile d'arachides	Kilogr.	0 450	1 flacon, ouverture ordinaire, non bouché, de 0l 50.
18	7	Acide phénique cristallisé	Idem.	2 500	5 flacons, large ouverture, bouchés à l'émeri, de 0l 50.
19	3	Sulfate d'alumine et de potasse (alun)	Idem.	0 500	1 flacon, large ouverture, non bouché, de 0l 50.
21	7	Tartrate d'antimoine et de potasse pulvérisé (émétique, en paquets de 1 décigr.)	Idem.	0 020	Idem.
31	1	Chloroforme	Idem.	0 700	1 flacon, ouverture ordinaire, non bouché, de 0l 50.
37	6	Protochlorure de mercure à la vapeur (calomel, en paquets de 1 gramme)	Idem.	0 100	1 flacon, large ouverture, non bouché, de 0l 50.
42	13	Silicate de potasse à 33-35°	Idem.	0 650	1 flacon, ouverture ordinaire, non bouché de 0l 50.
53	1	Alcool à 90° centésimaux (36° Cartier)	Idem.	0 900	2 flacons, ouverture ordinaire, non bouchés, de 0l 50.
56	7	Alcoolé de camphre concentré	Idem.	0 450	1 flacon, ouverture ordinaire, non bouché, de 0l 50.
77	1	Cataplasmes Lelièvre	Feuille.	30	
80	15	Poudre d'ipécacuanha (en paquets de 1 gramme)	Kilogr.	0 100	1 flacon, large ouverture, non bouché, de 0l 50.
83	2	Sparadrap de diachylon gommé de 0m 20 de largeur	Mètre.	10 00	Dans 5 étuis en carton.
90	1	Bouchons de liège, grands	Nombre.	20	
	2	Bouchons de liège, petits	Idem.	20	
224	6	Flacons ouverture ordinaire ou large ouverture, en verre blanc, non bouché, d'un litre et au-dessous	Idem.	2	En réserve. — Ouverture ordinaire de 0,50.
"	"	Eau-de-vie	Litre.	0 50	1 flacon, ouverture ordinaire, non bouché, de 0l 50.
269	"	Trébuchet non réglementaire, sensible à 0g 05	Nombre.	1	
224	5 bis	Éprouvette graduée de 20 cent. cubes	Idem.	1	
		Casier n° 8.			
248	5	Bougeoirs en cuivre	Nombre.	2	
251	25	Lanternes avec réflecteur et souche	Idem.	2	
252	20	Ciseaux à lampe (Paire de), petits	Idem.	1	Dans 1 boîte B.
"	"	Allumettes amorphes (boîtes de 50 allumettes)	Idem.	24	Dans 2 boîtes pour allumettes.
"	"	Bougies	Kilogr.	4 000	Dans 1 boîte C.
"	"	Mèches plates, n° 6	Idem.	0 032	Dans 1 boîte B.
		Casier n° 9.			
5	46	Feuilles de thé Hyswen	Kilogr.	0 400	1 flacon carré, en fer-blanc, de 1 litre.
16	6	Acide borique cristallisé	Idem.	2 500	2 boîtes n° 3.

NUMÉROS de la NOMENCLATURE		DÉNOMINATION DES MATIÈRES ET OBJETS.	UNITÉ RÉGLEMENTAIRE.	QUANTITÉS.	OBSERVATIONS.
sommaire.	détaillée.				
25	3	Sulfate de magnésie....................	Kilogr.	2 000	2 flacons carrés, en fer-blanc, de 1 litre.
49	2	Iodoforme.............................	Idem.	2 500	2 flacons, ouverture ordinaire, non bouchés, de 0¹ 500. ⎫ Ces flacons sont renfermés dans
43	"	Sulfate de quinine....................	Idem.	0 100	2 flacons, ouverture ordinaire, non bouchés, de 0¹ 140. ⎬ 2 boîtes d'emballage n° 8.
71	"	Vaseline blonde.......................	Idem.	0 900	1 flacon carré, en fer-blanc, de 1 litre. ⎭ Idem.
		Casier n° 10.			
95	3	Petit linge à pansement ordinaire.....	Kilogr.	12 000	
"	"	Sucre blanc...........................	Idem.	0 500	
"	"	Savon blanc...........................	Idem.	0 500	Dans 1 boîte D.
		Casier n° 11.			
95	3	Petit linge à pansement ordinaire.....	Kilogr.	47 200	
		Casiers nos 12 et 12 bis.			
103	3	Bandages à fractures pour la cuisse....	Nombre.	3	
219	39	Attelles pour fractures de la cuisse, modèle Isnard....................	Idem.	6	
		Casier n° 13.			
95	2	Grand linge à pansement...............	Kilogr.	5 500	36 bandages de corps.
97	"	Charpie...............................	Idem.	10 000	
		Casier n° 13 bis.			
95	"	Charpie...............................	Kilogr.	19 500	
"	"	Bandes de carton......................	Nombre.	12	
		Casier n° 14.			Bandages triangulaires............ 16
95	2	Grand linge à pansement...............	Kilogr.	14 660	Bandages carrés.................. 10 Bandages en T................... 10 Écharpes........................ 90 Suspensoirs..................... 10
		Casier n° 15.			
95	1	Bandes roulées........................	Kilogr.	38 400	
		Casier n° 16.			
95	2	Grand linge à pansement (draps).......	Kilogr.	20 000	
		Casier n° 17.			
		(Emplacement de la lampe pour la recherche des blessés.)			
		Couloir de la voiture.			
261	36	Table d'opération à dossier...........	Nombre.	1	
		3e CHARGEMENT EXTÉRIEUR.			
		Coffre de la voiture.			
251	25	Lanterne avec réflecteur et souche....	Nombre.	1	

NUMÉROS de la NOMENCLATURE sommaire.	détaillée.	DÉNOMINATION DES MATIÈRES ET OBJETS.	UNITÉ RÉGLEMENTAIRE.	QUANTITÉS.	OBSERVATIONS.
277	108	Sac d'outils, complet	Nombre.	1	
"	"	Huile à brûler	Litre.	1 00	Dans une burette pour l'huile à brûler de 1 litre.
		Paroi extérieure de la voiture (côté droit).			
261	37	Pied de la table d'opération	Nombre.	1	
		Toit de la voiture.			
260	23	Brancards avec bretelles pour les ambulances	Nombre.	4	
		Compartiments spéciaux, l'un à droite, l'autre à gauche de la voiture.			
255	44	Réservoirs à eau, de 25 litres, en fer battu étamé	Nombre.	2	

LISTE DU MATÉRIEL RETIRÉ DU CHARGEMENT DE LA VOITURE DE CHIRURGIE.

NUMÉROS de la NOMENCLATURE sommaire.	détaillée.	DÉNOMINATION DES MATIÈRES ET OBJETS.	QUANTITÉS.	PRIX. fr. c.	MONTANT. fr. c.	OBSERVATIONS.
77	1	Cataplasmes Lelièvre (feuille)	15	0 15	2 25	*Nota.* Afin d'éviter la décomposition de cette unité collective dont la constitution avec les nouvelles matières de pansement sera affectuée d'ici peu, le matériel retiré de la voiture de chirurgie continuera à figurer dans les comptes comme appartenant à ce chargement.
	3	Papier sinapisé (feuille)	15	0 05	0 75	Lors du renouvellement des approvisionnements actuels, des instructions pour la destination à donner à ce matériel seront jointes à l'envoi des nouvelles nomenclatures spéciales.
95	1	Bandes roulées	8k 000	5 00	40 00	
	2	Grand linge à pansement	18 060	6 50	117 39	
	3	Petit linge à pansement, ordinaire	8 500	4 75	40 38	
	5	Petit linge à pansement, fenêtré	0 500	9 00	4 50	
97	"	Charpie	9 200	4 80	44 16	
101	1	Coussins à fractures	10	0 40	4 00	
102	1	Bandages herniaires, inguinaux, simples, de droite	3	6 00	18 00	
	2	Bandages herniaires, inguinaux, simples, de gauche	4	6 00	24 00	
103	1	Bandages à fractures, pour le bras	5	2 00	10 00	
	2	Bandages à fractures, pour l'avant-bras	5	2 00	10 00	
	4	Bandages à fractures, pour la jambe	5	6 00	30 00	
219	33	Attelles en bois, pour fractures du bras	10	0 30	3 00	
	34	Attelles en bois, pour fractures de l'avant-bras	10	0 30	3 00	
	39	Attelles pour fractures de la cuisse (modèle Isnard)	4	1 50	6 00	
	41	Attelles-palettes (palmaires)	5	0 50	2 50	
	44	Attelles conjuguées en fil de fer — pour fractures du bras	15	1 75	26 25	
	45	pour fractures de l'avant-bras	15	1 50	22 50	
	46	pour fractures de la jambe	15	2 50	37 50	
		TOTAL			446 18	

ARRIMAGE

DU CHARGEMENT DE LA PARTIE ANTÉRIEURE DE LA VOITURE.

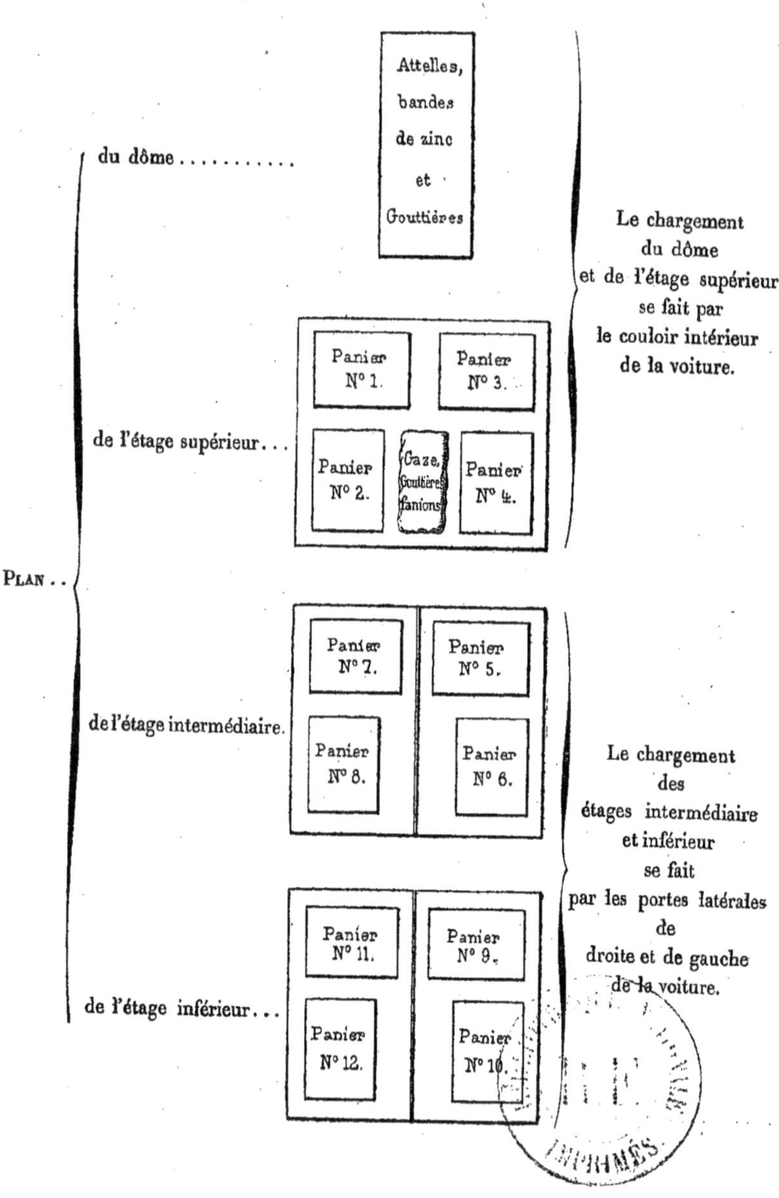